FORSCHUNGSBERICHTE DES LANDES NORDRHEIN-WESTFALEN

Nr. 1098

Herausgegeben
im Auftrage des Ministerpräsidenten Dr. Franz Meyers
von Staatssekretär Professor Dr. h. c. Dr. E. h. Leo Brandt

DK 537.5

Dr. Gerhard Albrecht
Prof. Dr. Günter Ecker

Institut für Theoretische Physik der Universität Bonn

Die positive Säule unter dem Einfluß negativer Ionen

WESTDEUTSCHER VERLAG · KÖLN UND OPLADEN · 1962

ISBN 978-3-663-06119-9 ISBN 978-3-663-07032-0 (eBook)
DOI 10.1007/978-3-663-07032-0

Verlags-Nr. 011098

Gesamtherstellung: Westdeutscher Verlag

Vorwort

Abstract: Aus den Grundgleichungen für die Beschreibung eines stoßbestimmten Plasmas mit Elektronen, positiven und negativen Ionen wird ein Eigenwertproblem für die Beschreibung der zylindersymmetrischen positiven Säule formuliert. Man erhält drei simultane Differentialgleichungen mit Randbedingungen. Diese Gleichungen werden in Anlehnung an ein Verfahren aus der Kernphysik durch eine »Center-Wall-Approximation« auf drei gekoppelte algebraische Gleichungen zurückgeführt. Die numerische Auswertung mit Hilfe eines Digitalrechners liefert die negative und positive Ionendichte in der Achse der Entladung sowie das elektrische Feld als Funktion des Gesamtstromes. Sehr interessante Resultate ergeben sich vor allem im Bereich der subnormalen Entladung, wo jetzt ein verzögerter stufenförmiger Aufbau des subnormalen Gebietes zu erkennen ist.

Inhalt

1. Einführung

SCHOTTKY [1] gab die erste Beschreibung der zylindersymmetrischen positiven Säule. Seine Arbeit berücksichtigt nur die direkte Ionisierung der neutralen Teilchen durch Elektronenstoß. Die Rekombination der Ladungsträger ist wegen des kleinen Wirkungsquerschnittes und der relativ geringen Trägerdichten vernachlässigt. Elektronen- und Ionentemperatur können verschieden sein, werden jedoch über den Querschnitt konstant vorausgesetzt. Am Rand soll die Trägerdichte verschwinden, außerdem wird Quasineutralität für die ganze Säule vorausgesetzt.
Die Elektronen und positiven Ionen diffundieren aus dem Säuleninneren zur Wand, wo dann die Rekombination erfolgt. In der stationären Entladung müssen die Elektronen und positiven Ionen die Wand in gleicher Anzahl erreichen. Der große Unterschied der Beweglichkeiten und Diffusionskoeffizienten der beiden Ladungsträger bedingt daher ein radiales, ambipolares Feld, welches die Ionen beschleunigt und die Elektronen verzögert. Unter diesen Voraussetzungen ergibt sich für die radiale Trägerverteilung eine Besselfunktion nullter Ordnung. Die Längsfeldstärke in der Säule erweist sich als stromunabhängig. MORGULIS, FABRIKANT und SPENKE [2, 3, 4] erweiterten SCHOTTKYS Theorie durch Hinzufügung nichtlinearer Glieder zur Erfassung von kumulativen und Rekombinationseffekten.
Interessante Besonderheiten treten noch im Bereich sehr kleiner Stromstärken auf (kleiner 10^{-5} A), wo in Abweichung von der Schottkytheorie das Feld mit abnehmender Stromstärke rasch anwächst. In diesem Bereich kann das Plasma nicht mehr als quasineutral angenommen werden. ECKER [5] deutet diesen »subnormalen Bereich« analytisch aus dem Zusammenbruch des ambipolaren Feldes infolge Raumladungsmangel.
Brennt die Entladung in einem elektronegativen Gas, so sind neben den Elektronen und positiven Ionen auch die durch Anlagerung von Elektronen an Neutralteilchen entstehenden negativen Ionen zu berücksichtigen. Die Bedeutung dieses Effekts wurde bereits von GÜNTHERSCHULZE [6] erkannt. Den ersten Versuch zu einer quantitativen Theorie unternahm SEELIGER [7] am Beispiel einer linearen Anordnung. Neuere Berechnungen stammen von WILHELM [8] und KONJUKOV [9, 10]. KONJUKOV berücksichtigt die Rekombination zwischen positiven und negativen Ionen und gibt Näherungslösungen der Konzentration der negativen Ionen in achsennahen Gebieten an.

2. Theoretische Konzeption

Qualitativ sind folgende Einflüsse der negativen Ionen auf die positive Säule zu erwarten:

1. Durch die Anlagerung von Elektronen an Neutralteilchen besitzt ein Teil der negativen Ladungsträger so gut wie keine Ionisierungsfähigkeit mehr. Die Masse der negativen Ionen ist praktisch gleich der Masse der positiven Ionen. Auch die Temperaturen dieser beiden Trägerarten sind nahezu gleich.
2. Die Verluste von Ladungsträgern im Volumen der Säule können nicht mehr vernachlässigt werden. Der Wirkungsquerschnitt für die Rekombination positives Ion – negatives Ion hat einen wesentlich höheren Wert als der für die Rekombination positives Ion – Elektron. Weiterhin können negative Ionen durch den Stoß von Elektronen zerstört werden. Bei diesem Prozeß werden Elektronen neu gebildet.
3. Mit zunehmender Konzentration von negativen Ionen wird die mittlere Beweglichkeit und Diffusion der negativen Ladungsträger reduziert und nähert sich den Eigenschaften der positiven Ladungsträger. Dies hat seinen Grund in den ähnlichen Beweglichkeits- und Diffusionskoeffizienten der negativen und positiven Ionen. Hieraus resultiert eine wesentliche Beeinflussung des ambipolaren Feldes und damit der subnormalen Eigenschaften.

Unsere Untersuchungen beschränken wir auf eine Säule mit nur je einer Sorte positiver und negativer Ionen. Sind in einem Gas verschiedene Anlagerungs- und Rekombinationsprozesse möglich, so ist diese Annahme gerechtfertigt, wenn ein Rekombinations- oder Anlagerungsprozeß dominiert. In anderen Fällen sind die verwendeten Anlagerungs- bzw. Rekombinationskoeffzienten als Mittelwerte aufzufassen. Die Untersuchungen setzen ferner bewußt eine axial homogene Säule voraus.

3. Mathematische Formulierung des Problems

Das Ziel dieser Arbeit ist es, die hier qualitativ skizzierten Einflüsse quantitativ auszuwerten.
Wie in der Schottkytheorie verwenden wir die hydrodynamischen Grundgleichungen der Massen- und Impulserhaltung und ersetzen wie dort die Energiebilanz durch die Annahme konstanter Temperaturen über dem Entladungsquerschnitt. Ebenfalls übernehmen wir die Schottkysche Randbedingung. Da wir keine Quasineutralität des Plasmas voraussetzen, müssen wir die Poissongleichung berücksichtigen.

Das Problem wird also durch die folgenden Gleichungen beschrieben:

$$\operatorname{div} \Gamma_e = \bar{\alpha} n_e - \bar{\beta} n_e + \bar{\delta} n_e n_- \tag{1a}$$

$$\operatorname{div} \Gamma_- = \bar{\beta} n_e - \bar{\sigma} n_+ n_- - \bar{\delta} n_e n_- \tag{1b}$$

$$\operatorname{div} \Gamma_+ = \bar{\alpha} n_e - \bar{\sigma} n_+ n_- \tag{1c}$$

$$\operatorname{div} E = \frac{e}{\varepsilon_0} (n_+ - n_- - n_e) \tag{2}$$

$$\Gamma_e = - \mu_e n_e E - D_e \operatorname{grad} n_e \tag{3a}$$

$$\Gamma_- = - \mu n_- E - D \operatorname{grad} n_- \tag{3b}$$

$$\Gamma_+ = \mu n_+ E - D \operatorname{grad} n_+ \tag{3c}$$

Die Indizes e, + und — beziehen sich auf Elektronen, positive und negative Ionen.

Es bedeuten:

Γ = Teilchenströme
E = Feldstärke
D = Diffusionskoeffizient
n = Teilchendichten
μ = Beweglichkeiten
$\bar{\alpha}$ = Ionisierungszahl der Elektronen pro Zeiteinheit
$\bar{\beta}$ = Anlagerungszahl der Elektronen pro Zeiteinheit
$\bar{\sigma}$ = Rekombinationskoeffizient von negativen mit positiven Ionen
$\bar{\delta}$ = Ablösungskoeffizient für Zusammenstöße von Elektronen mit negativen Ionen

Wir führen die reduzierten Größen

$$x = n_e/n_{e0} \qquad y = n_-/n_{e0} \qquad z = n_+/n_{e0} \qquad \rho = r/R$$

wo n_{e0} die Elektronendichte in der Säulenachse bezeichnet. Statt der Koeffizienten $\bar{\alpha}$, $\bar{\beta}$ benutzen wir die auf die Einheit der Weglänge in Feldrichtung bezogenen Größen α, β und statt $\bar{\sigma}$ und $\bar{\delta}$ die Wirkungsquerschnitte σ und δ für diese Prozesse. So ergibt sich:

$$-\frac{1}{R^2}\frac{D_e}{\mu_e}\rho\frac{dx}{d\rho} = \frac{e}{\varepsilon_0} n_{e0} x \int_0^\rho (z - y - x)\,\rho\,d\rho + (\alpha - \beta)\,E \int_0^\rho x\,\rho\,d\rho + \delta\frac{2}{\mu_e}\sqrt{\frac{2\,kT_e}{\pi m_e}}\,n_{e0}\int_0^\rho x y\,\rho\,d\rho \tag{4a}$$

$$-\frac{1}{R^2}\frac{D}{\mu}\rho\frac{dy}{d\rho} = \frac{e}{\varepsilon_0} n_{e0} y \int_0^\rho (z - y - x)\,\rho\,d\rho + \beta E\frac{\mu_e}{\mu}\int_0^\rho x\,\rho\,d\rho - \delta\frac{2}{\mu}\sqrt{\frac{2\,kT_e}{\pi m_e}}\,n_{e0}\int_0^\rho x y\,\rho\,d\rho - \sigma\frac{4}{\mu}\sqrt{\frac{kT}{\pi M}}\,n_{e0}\int_0^\rho y z\,\rho\,d\rho \tag{4b}$$

$$-\frac{1}{R^2}\frac{D}{\mu}\rho\frac{dz}{d\rho} = -\frac{e}{\varepsilon_0} n_{e0} z \int_0^\rho (z - y - x)\,\rho\,d\rho + \alpha E\frac{\mu_e}{\mu}\int_0^\rho x\,\rho\,d\rho - \sigma\frac{4}{\mu}\sqrt{\frac{kT}{\pi M}}\,n_{e0}\int_0^\rho y z\,\rho\,d\rho \tag{4c}$$

Dazu gehören die Randbedingungen

$$\rho = 0: \qquad \frac{dx}{d\rho} = \frac{dy}{d\rho} = \frac{dz}{d\rho} = 0 \tag{5a}$$

$$x = 1 \tag{5b}$$

$$\rho = 1: \qquad x = y = z = 0 \tag{5c}$$

Die Gl. (4) und (5) formulieren ein Eigenwertproblem. Die Größe n_{e0} ist durch den experimentellen Parameter der Stromstärke gebunden. Lösungen für $x(r)$, $y(r)$ und $z(r)$, die der Randbedingung (5) genügen, gibt es nur für einen bestimmten Eigenwert von E.

4. Auswertung

Für den Grenzfall der subnormalen Entladung ($n_{e0} \rightarrow 0$) ist dieses Problem elementar integrierbar. Für die radialen Verteilungen $x(r)$, $y(r)$ und $z(r)$ ergeben sich Besselfunktionen nullter Ordnung. Die Anfangswerte von y_0 und z_0 sind

$$y_0 = \frac{D_e}{D} \frac{\beta}{\alpha - \beta} \qquad z_0 = \frac{D_e}{D} \frac{\alpha}{\alpha - \beta} \tag{6a, b}$$

und der Feldeigenwert E bestimmt sich wie in der Schottkytheorie aus der Randwertforderung

$$R \sqrt{\frac{\bar{\alpha} - \bar{\beta}}{D_e}} = A \tag{6c}$$

wo A die erste Nullstelle der Besselfunktion nullter Ordnung sei.

Für verschwindenden Anlagerungskoeffizienten β gehen diese Resultate in die Ergebnisse von Ecker [5] über.

Im allgemeinen Fall stößt eine analytische Lösung des Problems auf unüberwindliche Schwierigkeiten. Eine maschinelle Bearbeitung wird besonders durch den Rand- und Eigenwertcharakter erschwert.

Bei unseren Bemühungen um ein geeignetes Näherungsverfahren wollen wir besonders darauf achten, daß unser Augenmerk vor allem auf die Bestimmung der Achsendichten der Trägerkomponenten einerseits und des Eigenwertes des elektrischen Feldes E andererseits gerichtet ist. Demgegenüber ist die exakte radiale Verteilung der Trägersorten nur von untergeordnetem Interesse.

Diese Tatsache legt die Verwendung eines Näherungsverfahrens nahe, welches aus der Kernphysik unter der Bezeichnung Center-Wall-Approximation bekannt ist. Diese »Center-Wall-Approximation« basiert auf der Anpassung zweier von der Achse bzw. von der Wand ausgehender Reihenentwicklungen. Der Grad der Genauigkeit, der auf diese Weise erzielt werden kann, ist begrenzt durch die Anzahl der Glieder der Entwicklung, die berücksichtigt werden können.

Die Reihenentwicklung am Rand unseres Gebietes ist naturgemäß wesentlich durch die Randbedingung bestimmt. Wir sind uns bewußt, daß die Schottkysche Formulierung nur eine Näherung darstellt. Sie erlaubt daher eine Entwicklung bis zum Glied erster Ordnung. Eine verfeinerte Randbedingung, wie sie beispielsweise für das Zweikomponentensystem an anderer Stelle [5] angegeben worden ist, würde eine Fortführung der Reihenentwicklung an der Wand zu höheren Gliedern erlauben. Eine entsprechend verfeinerte Formulierung der Randbedingung für ein Mehrkomponentensystem, wie wir es untersuchen, würde zunächst eine Kenntnis der Theorie der Schicht für ein solches System bedingen.

Leider liegt die Entwicklung einer solchen Theorie außerhalb des Rahmens dieser Arbeit, und wir müssen daher auf eine Verfeinerung der Randbedingung und damit auch auf eine Fortführung der Reihenentwicklung an der Wand verzichten.
In diesem Sinne liegt es nahe, den folgenden Ansatz für die radialen Verteilungen zu benutzen:

$$x = (1 - \rho^a) \qquad y = y_0(1 - \rho^b) \qquad z = z_0(1 - \rho^c) \qquad (7\text{a–c})$$

Diese Ansätze berücksichtigen einerseits die Verhältnisse am Rand in dem Rahmen, wie es unserer Kenntnis der Randbedingung angemessen ist. Andererseits haben wir die Möglichkeit, mit Hilfe der Parameter a, b, c die Reihenentwicklung im Zentrum bis zur zweiten Näherung zu erfassen.
Von der soeben beschriebenen Näherungsmethode erwarten wir sehr gute Resultate, solange kein Einschnürungseffekt der Säule auftritt. Im Falle einer Einschnürung dürften wir die Ergebnisse mit unserer Methode nur als größenordnungsmäßig richtig betrachten. Dennoch wollen und können wir uns bei der folgenden Behandlung auf den Bereich der unkontrahierten Säule beschränken. Kontraktionseffekte sind im Rahmen unserer Berechnung nur zu erwarten, wenn neben der Ionenrekombination auch die Ablöseeffekte durch Elektronenstoß von Bedeutung werden. Wir untersuchen im folgenden nur den Bereich, wo der Einfluß des δ-Koeffizienten zu vernachlässigen ist, und schließen damit die vielleicht zweifelhaften Bereiche mit Säulenkontraktion aus.
Auf diese Weise ergibt sich aus dem System der Differentialgleichungen (4) ein System von drei algebraischen Gleichungen zur Bestimmung von y_0, z_0 und E:

$$(\alpha - \beta)\,E = \frac{4}{R^2}\,\frac{D_e}{\mu_e} - \frac{e}{\varepsilon_0}\,n_{e0}(z_0 - y_0 - 1) - \frac{2\,\delta}{\mu_e}\sqrt{\frac{2\,kT_e}{\pi m_e}}\,n_{e0}\,y_0 \qquad (8\text{a})$$

$$y_0 = \frac{\beta E \mu_e/\mu}{\dfrac{4}{R^2}\,\dfrac{D}{\mu} - \dfrac{e}{\varepsilon_0}\,n_{e0}(z_0 - y_0 - 1) + \dfrac{2\,\delta}{\mu}\sqrt{\dfrac{2\,kT_e}{\pi\,m_e}}\,n_{e0} + \dfrac{4\,\sigma}{\mu}\sqrt{\dfrac{kT}{\pi M}}\,n_{e0}\,z_0} \qquad (8\text{b})$$

$$z_0 = \frac{\alpha E\,\mu_e/\mu}{\dfrac{4}{R^2}\,\dfrac{D}{\mu} + \dfrac{e}{\varepsilon_0}\,n_{e0}(z_0 - y_0 - 1) + \dfrac{4\,\sigma}{\mu}\sqrt{\dfrac{kT}{\pi M}}\,n_{e0}\,y_0} \qquad (8\text{c})$$

Eine analytische Lösung dieses Gleichungssystems stößt immer noch auf große Schwierigkeiten. Man muß hierbei bedenken, daß die Größen α, β, D_e/μ_e und T_e komplizierte, teils nur experimentell bekannte Funktionen der Feldstärke E sind.

Das Gleichungssystem wurde daher maschinell ausgewertet.

5. Ergebnisse

Die Auswertung der Gleichungen erfolgte mit Hilfe einer Digitalrechenanlage. Dazu ist die Kenntnis der Daten für ein spezielles Gas notwendig. Als solches erschien Sauerstoff am geeignetsten. Die numerischen Werte wurden für einen Gasdruck von 1 mm Hg den Zusammenstellungen von BROWN [11] und BUCEL' NIKOVA [12] entnommen. Zur Demonstration des Einflusses der Koeffizienten β und δ wurden die Gleichungen zusätzlich für mehrere fiktive Werte dieser beiden Größen bei sonst gleichbleibenden Entladungsdaten ($R = 2,5$cm, $p = 1$ Torr) ausgewertet. Diese fiktiven Werte sind in den Abbildungen in relativen, auf die wahren Sauerstoffwerte bezogenen Größen angegeben (β_r, δ_r).
Die Abb. 1 zeigt die experimentell gegebene Abhängigkeit des Ionisationskoeffizienten α und des Anlagerungskoeffizienten β vom Felde E.
In den Abb. 2–5 sind die Ergebnisse der Rechnung dargestellt.

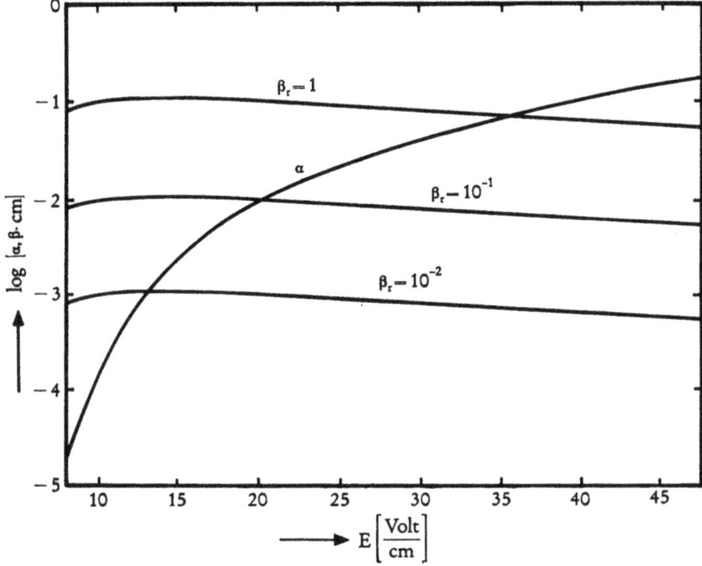

Abb. 1 Ionisationszahl α und Anlagerungszahl β pro Elektron und cm Weglänge in Feldrichtung

$\beta_r = 1$: Wahrer Anlagerungskoeffizient für Sauerstoff

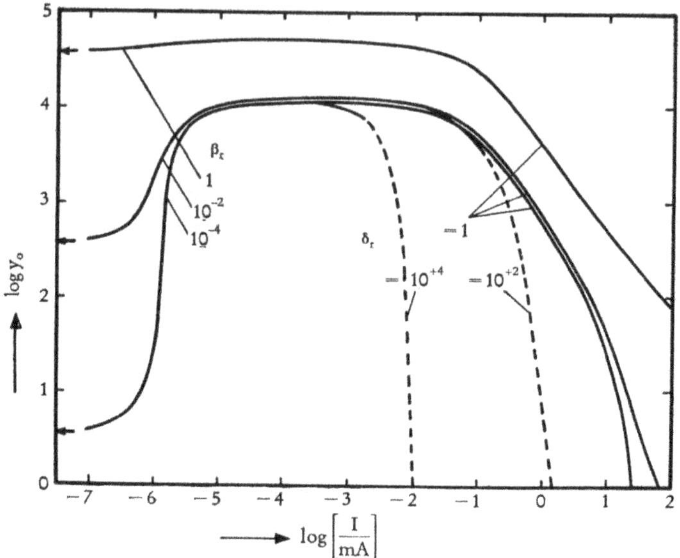

Abb. 2 Relative Dichte y_0 der negativen Ionen in der Säulenachse

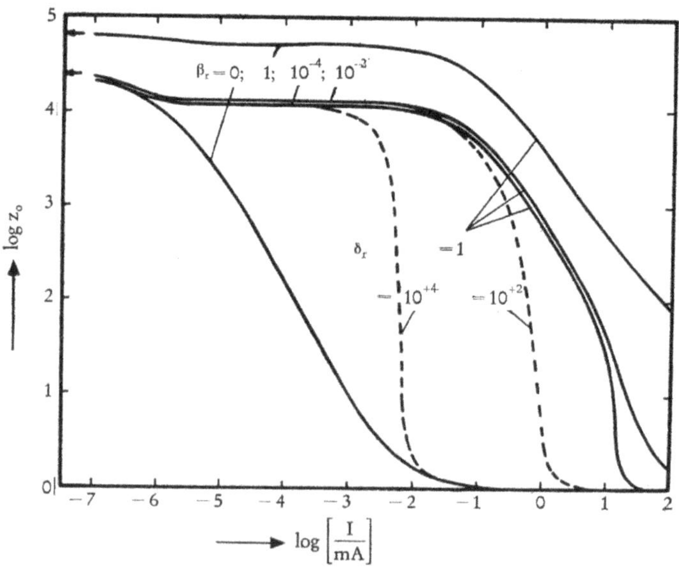

Abb. 3 Relative Dichte z_0 der positiven Ionen in der Säulenachse

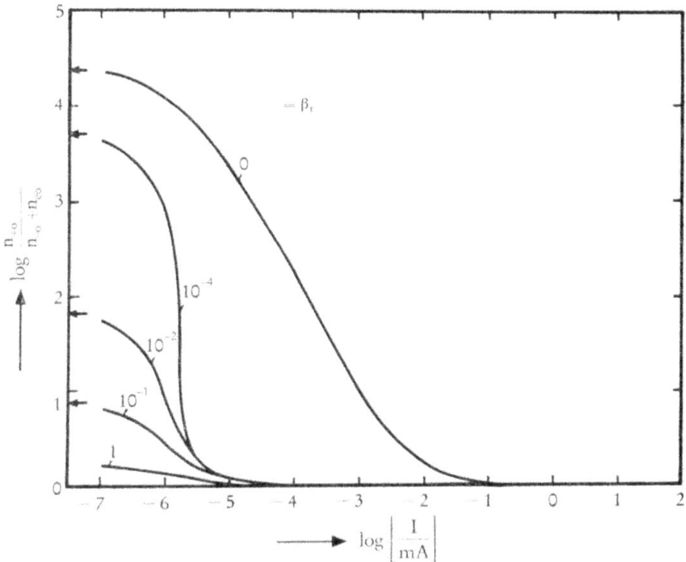

Abb. 4 Abweichung des Säulenplasmas von der Quasineutralität

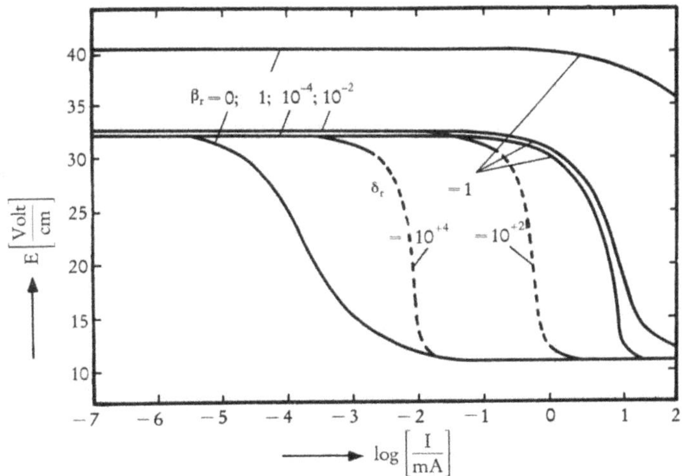

Abb. 5 Längsfeldstärke E in der Säule

6. Diskussion

Unsere Diskussion konzentriert sich auf die negative Ionendichte, die positive Ionendichte und die elektrische Feldstärke (Abb. 2, 3 und 5). Wir beginnen mit einer Zusammenfassung der charakteristischen Erscheinungen der Ergebnisse.
Negative Ionen: Bei fehlender Anlagerung ($\beta_r = 0$) verschwindet trivialerweise die negative Ionendichte im gesamten Bereich. Mit wachsendem β_r zeigt sich ein Verlauf der relativen Dichte y_0, der physikalisch sinnvoll in drei Gebiete (A, B, C) unterteilt wird. Ausgehend von verschwindender Stromstärke, durchlaufen wir zunächst den Bereich A, innerhalb dessen y_0 nach Maßgabe von β_r anwächst. Innerhalb des anschließenden Bereiches B bleibt y_0 praktisch konstant. Das Gebiet C ist durch den Abfall von y_0 gekennzeichnet. Während die relativen negativen Ionendichten in den Gebieten A und C sehr unterschiedliche Werte annehmen, liegen sie innerhalb des Bereiches B selbst für sehr verschiedene Werte von β_r innerhalb der gleichen Größenordnung.
Positive Ionen: Für fehlende Anlagerung ($\beta_r = 0$) wächst die relative positive Ionendichte z_0 mit sinkender Stromstärke in bekannter Weise an [5]. Für endlichen Anlagerungskoeffizienten β_r erweist sich die bei der Beschreibung der negativen Ionen eingeführte Gebietsunterteilung auch hier als sinnvoll. Innerhalb des Bereiches A fällt z_0 schwach ab. Im Gebiet B bleibt z_0 praktisch konstant, um innerhalb C sehr rasch auf den Schottky-Wert abzusinken. Wie man erkennt, ist die relative positive Ionendichte sowohl im Gebiet A als auch im Gebiet B von der gleichen Größenordnung, während nur in C sich nennenswerte Unterschiede zeigen.
Feldstärke: Hinsichtlich der Säule ohne negative Ionen ($\beta_r = 0$) sind die Resultate wiederum in Übereinstimmung mit den Berechnungen [5]. Bei endlichem Anlagerungskoeffizienten β_r zeigt sich für E im Prinzip ein ähnlicher Verlauf wie für z_0. Allerdings hebt sich nur die Zone C von B deutlich ab. Zwar ist die Feldstärke E auch innerhalb des Gebietes A gegenüber B erhöht, jedoch liegen diese Unterschiede innerhalb der Zeichengenauigkeit. Wir stellen zunächst fest, daß unsere erweiterten Rechnungen die bereits bekannten Resultate der subnormalen Säule ohne negative Ionen ($\beta_r = 0$) bestätigen.
Für endliches β_r sehen wir nach der vorausgegangenen Beschreibung als das dominierende Phänomen das Auftreten der drei verschiedenen Gebiete A, B und C an. Unsere folgende Diskussion bemüht sich um die physikalische Interpretation dieser Zonen.
In konsequenter Fortsetzung der Definition des subnormalen Bereiches für $\beta_r = 0$ müssen wir in Gegenwart der negativen Ionen von zwei subnormalen Gebieten sprechen, nämlich dem Übergang A–B einerseits bzw. dem Übergang B–C anderer-

seits. Wir erinnern, daß der zugehörige Feldanstieg allerdings bei der Stufe A–B in der Abb. 5 aus den bereits gegebenen Gründen nicht erkennbar ist.
Wie läßt sich das Auftreten der beiden subnormalen Stufen deuten?
Wie wir wissen, ist die Längsfeldstärke (E) ausschließlich durch die Teilchenbilanz der Elektronen bestimmt. Danach müssen die durch Feldionisation (α) und Ablösung (δ) erzeugten Elektronen entweder durch Diffusionsverluste zur Wand (D) oder aber durch Anlagerung an Neutralgasmoleküle (β) vernichtet werden. Wir glauben, daß man die gesamten in den Abb. 2, 3 und 5 wiedergegebenen Erscheinungen auf der Basis dieser Bilanzgleichung verstehen kann, sofern man die Veränderung des ambipolaren Feldes und damit des Diffusionskoeffizienten berücksichtigt.
Bei sehr kleinen Stromstärken diffundieren die Trägerkomponenten unabhängig voneinander. Es besteht keine Möglichkeit, ein ambipolares Feld aufzubauen. Unter diesen Umständen ist die mittlere Aufenthaltszeit der Elektronen in der Säule durch $\tau = R^2/D_e$ bestimmt. Zusammen mit dem Anlagerungskoeffizienten β legt τ die Erzeugungsrate α_- der negativen Ionen fest. Der Verlust der negativen Ionen ist durch D_- charakterisiert.
Mit der Erhöhung des Stromes wird allmählich ein ambipolares Feld aufgebaut. Dieses behindert die Elektronendiffusion zur Wand, verlängert so die Aufenthaltszeit und bedeutet damit eine Erhöhung der Erzeugungsrate α_- der negativen Ionen bei konstantem Verlust D_-. Aus diesen Umständen erwarten wir im Gebiet A ein Anwachsen der relativen negativen Ionendichte entsprechend den Beobachtungen.
Der weitere Aufbau des ambipolaren Feldes und der negativen Ionendichte mit der Stromstärke wird durch die negativen Ionen selbst begrenzt. Wenn die negative Ionendichte sich der positiven Ionendichte nähert, dann nähert sich der effektive Diffusionskoeffizient der negativen Träger dem der positiven Ionen und verhindert damit ein weiteres Anwachsen des radialen ambipolaren Feldes. Dieser Zustand wird an der Grenze A–B erreicht. Von hier an treten innerhalb des Bereiches B zur Stromstärke proportionale Änderungen auf. Negative und positive Ionendichte variieren proportional zu der Elektronendichte. Das Feld bleibt wegen der konstanten relativen Verhältnisse ebenfalls unverändert.
Neue Effekte treten erst am Übergang A–C auf. Hier zeigen alle Größen y_0, z_0 und E einen raschen Abfall mit anwachsender Stromstärke. Die Ursache dieses Abfalles ist primär die Rekombination von negativen Ionen mit positiven Ionen. Zwar beeinflußt dieser Prozeß nicht direkt die Trägerbilanz der Elektronen, jedoch hat der Abbau der negativen Ionendichte durch Rekombination eine Erhöhung des effektiven negativen Diffusionskoeffizienten zur Folge. Daher wird der vorher zurückgestellte Aufbau des ambipolaren Feldes wiederaufgenommen, die Verlustprozesse der Elektronen treten zurück, und auf diesem Wege bestimmt die Bilanzgleichung eine Abnahme des elektrischen Feldes.
Man kann also im wesentlichen den Einfluß der negativen Ionen in folgender Weise beschreiben:
Der mit wachsender Stromstärke zunehmende Einfluß des ambipolaren Feldes wird durch die negative Ionenkomponente schon bei geringen Stromstärken

überwunden und zurückgestellt, bis die Rekombination den Abbau der negativen Ionenkomponente bewirkt.

Es wäre noch der Einfluß der Komponente δ zu erwähnen. Wie man aus den Abbildungen ersieht, verschiebt δ die zweite Stufe des subnormalen Bereiches (B–C) nach kleineren Stromstärken. Dies ist in voller Übereinstimmung mit der vorausgegangenen Diskussion, indem einerseits δ die negative Ionendichte verringert, andererseits eine zusätzliche Erzeugung bedeutet.

Dr. Gerhard Albrecht
Prof. Dr. Günter Ecker

7. Literaturverzeichnis

[1] SCHOTTKY, W., Phys. Z. 25, 342, 625 (1924).
[2] MORGULIS, N., Journ. exp. theoret. Phys. (russ.) 8, 707 (1938).
[3] FABRIKANT, V., C. R. Moskau, 24, 531 (1939).
[4] SPENKE, E., Z. Phys. 127, 221 (1950).
[5] ECKER, G., Proc. Phys. Soc. B67, 485 (1954).
[6] GÜNTHERSCHULZE, A., Z. Phys. 91, 724 (1934).
[7] SEELIGER, R., Ann. Phys. 6, 93 (1949).
[8] WILHELM, J., Z. Phys. 154, 361 (1959).
[9] KONJUKOV, M. V., Z. Eksper. teor. Fiz. 33, 1039 (1957).
[10] Ders., Z. Eksper. teor. Fiz. 34, 908 (1958).
[11] BROWN, S. C., Basic Data of Plasma Physics, Chapman and Hall, 1959.
[12] BUCEL'NIKOVA, N. S., Fortschr. Phys. 8, 626 (1960).

FORSCHUNGSBERICHTE DES LANDES NORDRHEIN-WESTFALEN

Herausgegeben im Auftrage des Ministerpräsidenten Dr. Franz Meyers von Staatssekretär Prof. Dr. h. c. Dr.-Ing. E. h. Leo Brandt

PHYSIK

HEFT 10
Prof. Dr. W. Vogel, Köln
„Das Streifenpaar" als neues System zur mechanischen Vergrößerung kleiner Verschiebungen und seine technischen Anwendungsmöglichkeiten
1953, 20 Seiten, 6 Abb., DM 4,50

HEFT 62
Prof. Dr. W. Franz, Institut für theoretische Physik der Universität Münster
Berechnung des elektrischen Durchschlags durch feste und flüssige Isolatoren
1954, 36 Seiten, DM 7,—

HEFT 103
Prof. Dr. W. Weizel, Bonn
Durchführung von experimentellen Untersuchungen über den zeitlichen Ablauf von Funken in komprimierten Edelgasen sowie zu deren mathematischen Berechnung
1955, 32 Seiten, 12 Abb., DM 9,10

HEFT 104
Prof. Dr. W. Weizel, Bonn
Über den Einfluß der Elektroden auf die Eigenschaften von Cadmium-Sulfid-Widerstands-Photozellen
1955, 48 Seiten, 12 Abb., DM 9,45

HEFT 107
Prof. Dr. H. Lange und Dipl.-Phys. P. St. Pütter, Köln
Über die Konstruktion von Laboratoriumsmagneten
1955, 66 Seiten, 19 Abb., 1 Tabelle, DM 12,30

HEFT 122
Prof. Dr. W. Fucks †, Aachen
Untersuchungen zur Verbesserung der Wasseraufbereitung und Wasseranalyse:
Über die Schnellbewertung von Ionenaustauschern
1955, 48 Seiten, 32 Abb., DM 12,30

HEFT 125
Prof. Dr. E. Kappler, Münster
Eine neue Methode zur Bestimmung von Kondensations-Koeffizienten von Wasser
1955, 46 Seiten, 11 Abb., 1 Tabelle, DM 9,10

HEFT 141
Dr. J. van Calker und Dr. R. Wienecke, Münster
Untersuchungen über den Einfluß dritter Analysenpartner auf die spektrochemische Analyse
1955, 42 Seiten, 15 Abb., DM 9,10

HEFT 145
Dr. G. Hennemann, Werdohl (Westf.)
Beitrag zur Interpretation der modernen Atomphysik
1955, 34 Seiten, DM 10,—

HEFT 148
Prof. Dr. H. Bittel und Dipl.-Phys. L. Strom, Münster
Untersuchungen über Widerstandsrauschen
1955, 40 Seiten, 5 Abb., DM 8,40

HEFT 157
Dr. W. Jawtusch, Dr. G. Schuster und Prof. Dr.-Ing. R. Jaeckel, Bonn
Untersuchungen über die Stoßvorgänge zwischen neutralen Atomen und Molekülen
1955, 48 Seiten, 15 Abb., 3 Tabellen, DM 10,50

HEFT 169
Forschungsinstitut für Pigmente und Lacke, Stuttgart
Arbeiten über die Bestimmung des Gebrauchswertes von Lackfilmen durch physikalische Prüfungen
1955, 70 Seiten, 23 Abb., 4 Tabellen, DM 15,—

HEFT 174
Prof. Dr. phil. C. v. Fragstein, Dr. J. Meingast und H. Hoch, Köln
Herstellung von Solen einheitlicher Teilchengröße und Ermittlung ihrer optischen Eigenschaften
1955, 78 Seiten, 80 Abb., 4 Tabellen, DM 18,25

HEFT 178
Prof. Dr. M. v. Stackelberg und Dr. W. Hans, Bonn
Untersuchungen zur Ausarbeitung und Verbesserung von polarographischen Analysenmethoden
1955, 46 Seiten, 14 Abb., DM 10,50

HEFT 187
Dipl.-Ing. F. Göttgens, Essen
Über die Eigenarten der Bimetall-, Thermo- und Flammenionisationssicherungsmethode in ihrer Anwendung auf Zündsicherungen
1955, 40 Seiten, 6 Abb., 4 Tabellen, DM 8,40

HEFT 189
Fa. E. Leybold's Nachfolger, Köln
I. Ausgewählte Kapitel aus der Vakuumtechnik
II. Zum Verlust anorganisch-nichtflüchtiger Substanzen während der Gefriertrocknung
1955, 52 Seiten, 16 Abb., 3 Tabellen, DM 11,20

HEFT 194
Dr. K. Hecht, Köln
Entwicklung neuartiger physikalischer Unterrichtsgeräte
1955, 42 Seiten, 16 Abb., DM 9,90

HEFT 209
Dr. K. Bunge, Leverkusen
Materialabbau in Funkenentladungen. Untersuchungen an Zinkkathoden
1956, 54 Seiten, 10 Abb., 5 Tabellen, DM 11,40

HEFT 210
Dr. W. Porschen und Prof. Dr. W. Riezler, Bonn
Langlebige Alphaaktivitäten bei natürlichen Elementen
1955, 40 Seiten, 5 Abb., 4 Tabellen, DM 8,80

HEFT 233
Dr. H. Haase, Hamburg
Infrarot-Bibliographie
1956, 90 Seiten, DM 17,80

HEFT 251
Prof. Dr. H. Bittel, Münster
Zur Statistik der ferromagnetischen Elementarvorgänge und ihren Einfluß auf das Barkhausenrauschen
1956, 52 Seiten, 14 Abb., DM 11,65

HEFT 259
Prof. Dr. W. Linke, Aachen
Strömungsvorgänge in künstlich belüfteten Räumen
1956, 52 Seiten, 37 Abb., 1 Tabelle, DM 11,80

HEFT 264
Prof. Dr. W. Weizel, Bonn
Durch schnelle Funkenzusammenbrüche ausgelöste Signale auf einer Leitung
1956, 26 Seiten, 4 Abb., 3 Tabellen, DM 6,10

HEFT 267
Prof. Dr. W. Weizel und B. Brandt, Bonn
Zur Stabilität stromstarker Glimmentladungen
1956, 36 Seiten, 7 Abb., DM 8,40

HEFT 299
Dr. J. Fassbender und W. Hoppe, Bonn
Eine photoelektrische Nachlaufeinrichtung für Analogie-Rechenmaschinen
1956, 20 Seiten, 8 Abb., DM 7,65

HEFT 326
Prof. Dr.-Ing. E. Essers, Dr.-Ing. J. Essers und Dipl.-Ing. J. Klein, Aachen
Deichselkräfte an Lastzügen
1957, 96 Seiten, 34 Abb., DM 22,10

HEFT 329
Dipl.-Ing. A. Krüger, Karlsruhe und Feuerwehr-Ing. R. Radusch, Dortmund
Wasserzerstäubung im Strahlrohr
1956, 78 Seiten, 21 Abb., 3 Tabellen, DM 18,65

HEFT 330
Dr.-Ing. E. Pepping, Aachen
Die Durchflußzahl des Rechteckschlitzes in einer sehr großen Wand
1957, 54 Seiten, 21 Abb., DM 12,35

HEFT 332
Prof. Dr.-Ing. R. Jaeckel und Dr. G. Reich, Bonn
Messung von Dampfdrücken im Gebiet unter 10^{-2} Torr
1956, 34 Seiten, 16 Abb., 2 Tabellen, DM 10,40

HEFT 334
Prof. Dr. W. Weizel und Dr. G. Meister, Bonn
Spektralanalyse durch Messung des Interferenz-Kontrastes
1956, 42 Seiten, 8 Abb., DM 9,30

HEFT 335
Prof. Dr. W. Weizel und H. Hornberg, Bonn
Untersuchungen der anodischen Teile einer Glimmentladung
1957, 50 Seiten, 21 Abb., 19 Farbabb., 1 Tabelle DM 32,80

HEFT 341
Prof. Dr.-Ing. H. Winterhager und Dipl.-Ing. L. Werner, Aachen
Präzisions-Meßverfahren zur Bestimmung des elektrischen Leitvermögens geschmolzener Salze
1956, 44 Seiten, 19 Abb., 1 Tabelle, DM 10,60

HEFT 344
Prof. Dr.-Ing. W. Fucks, Aachen
Zur Deutung einfachster mathematischer Sprachcharakteristiken
1956, 38 Seiten, 12 Abb., DM 7,80

HEFT 356
Dipl.-Phys. G. Gurke, Aachen
Aufbau einer Meßanlage für Untersuchungen elektrischer Gasentladung im Bereiche großer p. d.-Werte
1956, 38 Seiten, 13 Abb., 1 Tabelle, DM 8,65

HEFT 357
Prof. Dr.-Ing. W. Fucks, Aachen
Mathematische Analyse der Formalstruktur von Musik
1958, 54 Seiten, 29 Abb., 16 Tabellen, DM 13,60

HEFT 361
Dipl.-Ing. H. F. Klein, Aachen
Die nichtstationären Strömungsvorgänge und der Wärmeübergang in einem Schwingfeuergerät
1957, 84 Seiten, 34 Abb., 4 Falttafeln, DM 25,90

HEFT 368
Prof. Dr. phil. H. Kaiser, Dortmund
Entwicklung betriebsmäßiger spektrochemischer Analysenverfahren für technische Gläser
1957, 40 Seiten, 11 Abb., DM 9,10

HEFT 369
Dipl.-Phys. F. J. Schittko, Bonn
Gasabgabe von Werkstoffen ins Vakuum
1957, 48 Seiten, 20 Abb., 6 Tabellen, DM 13,30

HEFT 375
Technischer Überwachungsverein e. V., Essen
Wanddickenmessungen mittels radioaktiver Strahlen und Zählrohrgerät
1958, 38 Seiten, 15 Abb., DM 9,55

HEFT 380
Dipl.-Phys. R. Trappenberg, Karlsruhe
Theoretische und experimentelle Untersuchungen zur Staubverteilung einer Rauchfahne
1957, 64 Seiten, 7 Abb., 18 Tabellen, DM 14,90

HEFT 386
Prof. Dr.-Ing. H. Opitz und Dipl.-Ing. O. Hake, Aachen
Standzeituntersuchungen und Verschleißmessungen mit radioaktiven Isotopen
1958, 36 Seiten, 33 Abb., 3 Tabellen, DM 12,75

HEFT 404
Prof. Dr. R. Jaeckel und Dipl.-Phys. F. Gross, Bonn
Die Löslichkeit von Gasen in schwerflüchtigen organischen Flüssigkeiten
1957, 46 Seiten, 17 Abb., 1 Tabelle, DM 11,50

HEFT 415
Prof. Dr.-Ing. W. Paul, Dr. rer. nat. O. Osberghaus und Dipl.-Phys. E. Fischer, Bonn
Ein Ionenkäfig
1958, 42 Seiten, 18 Abb., 2 Tabellen, DM 13,65

HEFT 419
Dipl.-Ing. K. Brocks, Mülheim (Ruhr)
Die Messungen der Reflexionseigenschaften künstlicher und natürlicher Materialien mit quasi-optischen Methoden bei Mikrowellen
1957, 78 Seiten, 52 Abb., DM 20,35

HEFT 420
Dipl.-Ing. M. Vogel, Oberpfaffenhofen
Das Spektralgebiet zwischen dem langwelligen Ultrarot und Mikrowellen
1957, 56 Seiten, 2 Abb., DM 13,50

HEFT 432
Dipl.-Phys. Dr. R. Werz, Bonn
Die Entwicklung einer Synchrozyklotron-Ionenquelle
1958, 122 Seiten, 90 Abb., 1 Tabelle, DM 30,30

HEFT 439
Prof. Dr. phil. H. Lange, Köln, und Dr. rer. nat. R. Kohlhaas, Neuß a. Rhein
Anwendung der thermomagnetischen Analyse zum Studium des Umwandlungsverhaltens von Eisenwerkstoffen im Temperaturbereich von —150° C bis +1500° C
1958, 96 Seiten, 72 Abb., 2 Tabellen, DM 27,10

HEFT 443
Prof. Dr. phil. W. Weizel und K. Kluth, Bonn
Über die Struktur der positiven Gleitentladungen
1957, 44 Seiten, 30 Abb., DM 12,20

HEFT 450
Prof. Dr.-Ing. W. Paul, Bonn, und Dipl.-Phys. H. P. Reinhard, Mönchengladbach
Das elektrische Massenfilter als Isotopentrenner
1958, 56 Seiten, 20 Abb., DM 13,50

HEFT 459
Prof. Dr. phil. F. Wever, Dr. phil. O. Krisement und H. Schädler, Düsseldorf
Ein isothermes Mikrokalorimeter zur kinetischen Messung von Umwandlungs- und Ausscheidungsvorgängen in Legierungen
1957, 32 Seiten, 14 Abb., DM 10,75

HEFT 460
Prof. Dr. phil. F. Wever und Dr. rer. nat. B. Ilschner, Düsseldorf
Ein isothermes Lösungskalorimeter zur Bestimmung thermo-dynamischer Zustandsgrößen von Legierungen
1957, 32 Seiten, 7 Abb., 4 Tabellen, DM 10,40

HEFT 502
Prof. Dr. M. Diem und Dr. R. Trappenberg, Karlsruhe
Berechnung der Ausbreitung von Staub und Gas
1957, 18 Seiten Text und 67 z. T. großformatige zweifarbige Diagramme, DM 37,30

HEFT 504
Prof. Dr. phil. F. Wever, Dr. phil. W. Winke und Dr. rer. nat. W. Jellinghaus, Düsseldorf
Versuchsanordnung zur Messung der Suszeptibilität paramagnetischer Stoffe und Meßergebnisse an Nickel-Chrom- und Kobalt-Nickel-Chrom-Werkstoffen
1958, 38 Seiten, 10 Abb., 2 Tabellen, DM 9,95

HEFT 507
Prof. Dr. H. Kaiser, Dortmund, Dr. G. Bergmann, Dortmund, und Priv.-Doz. Dr. G. Kresze, Berlin
Kartei zur Dokumentation in der Molekülspektroskopie
1958, 34 Seiten, 3 Abb., 6 Tabellen, DM 11,90

HEFT 510
Prof. Dr. rer. nat. W. Groth, Dr.-Ing. K. Bayerle, Dr. rer. nat. H. Ihle, Dr. rer. nat. A. Murrenhoff, E. Nann und Dr. rer. nat. K. H. Welge, Bonn
Anreicherung der Uranisotope nach dem Gaszentrifugenverfahren
1958, 76 Seiten, 43 Abb., DM 21,20

HEFT 516
Prof. Dr. Ing. H. Müller, Dipl.-Ing. F. Reinke und Dipl.-Ing. W. Sorgenicht, Essen
Gesamtstrahlungsmessungen der Temperaturstrahlung
1958, 82 Seiten, 18 Abb., DM 22,80

HEFT 519
Prof. Dr. phil. F. Wever, Dr. phil. W. Koch und Dr. phil. S. Eckhard, Düsseldorf
Die spektrographische Bestimmung der Spurenelemente in Stahl ohne vorherige Abbrennung
1958, 36 Seiten, 22 Abb., DM 12,60

HEFT 527
Dr. rer. nat. K. G. Müller, Hanau/W.
Wärmeübertragung auf eine Flugstaubströmung im senkrechten Rohr sowie auf eine durchströmte Schüttgutschicht
1958, 74 Seiten, 34 Abb., 7 Tabellen, DM 20,70

HEFT 537
Dr.-Ing. N. Gössl, Frankfurt a. M.
Probleme der Zugförderung im Zusammenhang mit der Ausnutzung der Atom-Energie
1958, 116 Seiten, 28 Abb., 12 Tabellen, DM 29,90

HEFT 548
Prof. Dr.-Ing. K. Leist und Dr.-Ing. J. Weber, Aachen
Spannungsoptische Untersuchungen von Turbinenscheiben mit angefrästen und eingesetzten Schaufeln
1958, 28 Seiten, 28 Abb., 4 Tabellen, DM 8,30

HEFT 549
Dr.-Ing. R. Merten, Duisburg
Resonanzanpassung bei einem Tiefpaß
1958, 22 Seiten, 16 Abb., DM 9,—

HEFT 550
Dr. H. Stephan, Bonn
Elektrisches Standhöhenmeßgerät für Flüssigkeiten
1958, 26 Seiten, 13 Abb., 2 Tabellen, DM 10,10

HEFT 551
Prof. Dr. phil. W. Weizel und Dipl.-Phys. B. Brandt, Bonn
Betriebsbedingungen einer stromstarken Glimmentladung
1958, 68 Seiten, 18 Abb., DM 16,—

HEFT 567
Dr. rer. nat. K. Sauerwein, Düsseldorf
Anwendungen radioaktiver Isotope in der Technik
1958, 74 Seiten, 33 Abb., 9 Tabellen, DM 19,60

HEFT 583
Prof. Dr. phil. F. Kirchner, Dipl.-Phys. H. Baron und Dipl.-Phys. H. Kirchner, Köln
Verwendbarkeit von Zählrohren zu massenspektrometrischen Untersuchungen
1958, 12 Seiten, 5 Abb., DM 6,70

HEFT 590
Übergabe des Synchro-Zyklotrons an das Institut für Strahlen- und Kernphysik der Universität Bonn am 8. Mai 1957
1958, 52 Seiten, 16 Abb., DM 16,50

HEFT 594
Prof. Dr. A. Nikuradse, München
Energieabsorption von Atomkernstrahlen in organischen Stoffen und durch sie hervorgerufene Reaktionsprozesse
1958, 56 Seiten, 13 Abb., 2 Tabellen, DM 15,10

HEFT 595
Prof. Dr. A. Nikuradse und Dipl.-Phys. K. Kugler, München
Einfluß der molekularen bzw. atomaren Beschaffenheit der Festwandoberflächenschicht auf die Wechselwirkung zwischen auftretenden Gasmolekülen und der Wand
1958, 16 Seiten, 9 Abb., DM 8,40

HEFT 608
Prof. Dr. habil. W. Linke und Dipl.-Ing. W. Hufschmidt, Aachen
Wärmeübergang bei pulsierender Strömung
1958, 30 Seiten, 18 Abb., DM 9,—

HEFT 615
Prof. Dr. W. Weizel und D. H. Whang, Bonn
Stromverteilung auf der Kathode einer Glimmentladung in Spalten bei hohen Drücken und abseits stehender Anode
1958, 28 Seiten, 16 Abb., DM 8,80

HEFT 616
Prof. Dr. W. Weizel und W. Ohlendorf, Bonn
Die Glimmentladung in spalartigen Entladungsräumen
1958, 38 Seiten, 18 Abb., DM 10,70

HEFT 622
Prof. Dr. W. Franz, Münster
Theorie der Elektronenbeweglichkeit in Halbleitern
1958, 40 Seiten, 9 Abb., DM 10,80

HEFT 642
Dr.-Ing. H.-J. Eckhardt, Essen
Die dielektrische Trocknung bei erniedrigtem Luftdruck mit Beiträgen zum physikalischen Verhalten der Mischkörper
1958, 66 Seiten, 24 Abb., DM 17,10

HEFT 643
Max-Planck-Institut für Silikatforschung, Würzburg
Spannungsmessungen an Schleifkörpern
1958, 38 Seiten, 22 Abb., DM 11,70

HEFT 651
Dr.-Ing. A. Eisenberg, Dortmund
Versuche zur Körperschalldämmung in Gebäuden
1958, 26 Seiten, 20 Abb., DM 8,10

HEFT 652
Dr. phil. nat. H. Haase, Hamburg
Infrarot - Bibliographie II
1959, 42 Seiten, DM 11,—

HEFT 653
Prof. Dr. K. Hamann und Dr. W. Funke, Stuttgart
Die Schutzwirkung organischer Inhibitoren in wäßriger Lösung gegenüber Eisen
1958, 72 Seiten, 31 Abb., DM 18,70

HEFT 656
Prof. Dr. E. Jenckel und Dr. H. Hühn, Aachen
Das Verkleben von Aluminium mit carboxylsubstituiarten Polystrolen
1958, 42 Seiten, 16 Abb., 3 Tabellen, DM 11,60

HEFT 657
Prof. Dr. W. Weizel und Dr. H. Herrmann, Bonn
Glimmentladungen an festen nichtmetallischen Elektroden
1959, 14 Seiten, 2 Abb., 1 Tabelle, DM 5,—

HEFT 662
Prof. Dr. phil. H. Lange und Dr. rer. nat. R. Kohlhaas, Köln
Über die Konstruktion von Laboratoriumsmagneten
2. Teil: Technische Ausführung verschiedener Magnettypen
1958, 30 Seiten, 20 Abb., 3 Tabellen, DM 9,80

HEFT 683
Prof. Dr.-Ing. R. Jaeckel und Dr. rer. nat. H. H. Kutscher, Bonn
Das Verhalten von Überschallströmungen bei Drücken unter 1 Torr
1959, 61 Seiten, 43 Abb., 12 Farbtafeln DIN A 4, DM 50,—

HEFT 684
Prof. Dr. sc. techn. F. Schultz-Grunow und Dr.-Ing. H. Hein, Aachen
Beiträge zur Grenzschichtströmung
1959, 66 Seiten, 49 Abb., 1 Tabelle, DM 19,—

HEFT 687
Prof. Dr. E. Kappler, Dr. H. Frinken und cand. phys. J. Vanheiden, Münster
Teil I: Das elastische Verhalten der Metalle beim Zugversuch im Bereich der plastischen Verformung.
Teil II: Untersuchungen über das elastische Verhalten metallischer Werkstoffe im Bereich der plastischen Verformung beim Brinellschen Kugeldruckversuch
1959, 56 Seiten, 42 Abb., DM 15,30

HEFT 696
Dr. rer. nat. H. Ehrenberg und Dipl.-Phys. H. J. Mürtz, Bonn
Massenspektrometrische Untersuchungen an Bleierzen
1959, 32 Seiten, 12 Abb., 2 Tabellen, DM 9,40

HEFT 717
Prof. Dr. W. Franz, Münster
Leitungsvorgänge in Halbleitern anisotroper Struktur
1959, 30 Seiten, 9 Abb., DM 8,80

HEFT 719
Prof. Dr. phil. H. Lange und Dr. rer. nat. W. Habbel, Köln
Das spannungsoptische Bild von Stoßwellen in der elastischen Halbebene in Abhängigkeit von der Stoßdauer und der Stoßgeschwindigkeit
1959, 52 Seiten, 46 Abb., DM 35,20

HEFT 724
Prof. Dr. G. Eckart, Dr. F. Gimmel, Th. Conrady und B. Scherer, Saarbrücken
Sonderfragen bei Breitband-Schlitzantennen
1959, 32 Seiten, 3 Abb., 4 Kurvenblätter, DM 9,40

HEFT 735
Dipl.-Ing. R. Lüttmann, Essen-Steele
Wärmeaustausch bei durch Anwendung von Sintermetallen verschiedenartig ausgeführten Wärmeübertragungsflächen
1959, 27 Seiten, 13 Abb., DM 8,80

HEFT 752
Prof. Dr. W. Weizel und Dipl.-Phys. Dr. H. Hornberg, Bonn
Glimmentladungssäulen ohne Wandeinflüsse
1959, 52 Seiten, DM 41,—

HEFT 753
Prof. Dr. E. Jenckel und Dipl.-Phys. K.-H. Illers, Aachen
Mechanische Relaxationserscheinungen in vernetztem und gequollenem Polystrol
1959, 92 Seiten, 49 Abb., DM 24,80

HEFT 759
Dr. C. Brunnée und Dr. L. Jenckel, Bremen
Untersuchungen und Verbesserung des Störuntergrundes im Massenspektrometer
1960, 59 Seiten, 36 Abb., DM 17,70

HEFT 760
Dipl.-Phys. B. Franzen, Prof. Dr.-Ing. W. Fucks und Prof. Dr. phil. G. Schmitz, Aachen
Vergleich von Korona- und Hitzdrahtanemometer durch Messung von Turbulenzspektren
1959, 70 Seiten, 49 Abb., DM 19,90

HEFT 779
Prof. Dr.-Ing. F. Eisele und Dipl.-Phys. D. Löbell
Untersuchungen der kennzeichnenden Eigenschaften von Meßuhren und Feinzeigern
1959, 106 Seiten, 67 Abb., DM 29,20

HEFT 797
Prof. Dr. phil. H. Lange und Dr. rer. nat. R. Kohlhaas, Köln
Über die wahre spezifische Wärme von Eisen, Nickel und Chrom bei hohen Temperaturen
1960, 115 Seiten, 38 Abb., 24 Tabellen, DM 31,20

HEFT 829
Dr. H. Strack, Bonn
Glimmentladung im Innern eines kathodischen Rohres
1960, 34 Seiten, 16 Abb., DM 10,30

HEFT 832
Prof. Dr. G. Ecker, D. Voslamber, Bonn
Die Impulsstreuungsmomente in kollektiven Gesamtheiten
1960, 49 Seiten, 4 Abb., DM 15,10

HEFT 836
H. Borchardt, Mülheim (Ruhr)
Physikalisch-technische Grundlagen der meteorologischen Anwendung von Radar nach Erfahrungen mit der Wetterradaranlage des Institutes für Mikrowellen in der Deutschen Versuchsanstalt für Luftfahrt e. V. Mülheim (Ruhr)
1960, 139 Seiten, 59 Abb., 5 Tabellen, 4 Tafeln, 5 Bildserien, DM 39,90

HEFT 853
Prof. Dr. W. Weizel und Dr. G. Albrecht, Bonn
Glimmentladungssäulen ohne Wand bei höheren Drücken
1960, 35 Seiten, 19 Abb., DM 19,90

HEFT 857
Prof. Dr. W. Weizel und Dipl.-Phys. F. Laube, Bonn
Schichten im Faradayschen Dunkelraum der Glimmentladung und elektrochemische Eigenschaften des Entladungsgases
1960, 72 Seiten, 47 Abb., DM 49,80

HEFT 862
Dipl.-Phys. Dr. W. Gerke, Bonn
Drehstromglimmentladung im Stickstoff
1960, 39 Seiten, 22 Abb., 2 Tabellen, DM 12,50

HEFT 871
Prof. Dr. W. Weizel und Dr. H. Herrmann, Köln
Betriebsbedingungen einer Glimmentladung in aggressiven Gasen
1960, 26 Seiten, 14 Abb., DM 14,—

HEFT 872
Prof. Dr. W. Weizel und Dr. H. Franke, Bonn
Untersuchungen an strömenden Stickstoffnachleuchtplasmen einer positiven Säule
1960, 53 Seiten, 24 Abb., DM 16,20

HEFT 904
Regierungsrat Dipl.-Ing. Otto Adam, Forschungsinstitut für Verfahrenstechnik an der Technischen Hochschule Aachen
Untersuchung über die Vorgänge in feststoffbeladenen Gasströmen
1960, 166 Seiten, 86 Abb., 3 Tabellen, DM 48,20

HEFT 926
Prof. Dr.-Ing. Helmut Wolf und Dr.-Ing. Siegfried Heitz, Institut für theoretische Geodäsie der Universität Bonn
Zeitliche Schwerkraft-Änderungen in ihrer Bedeutung für die praktische Gravimetrie
1961, 70 Seiten, 14 Abb., DM 20,20

HEFT 933
Dipl.-Ing. Klaus Stamm, Laboratorium für Ultraschall an der Technischen Hochschule Aachen
Die Vernebelung schmelzbarer Festkörper mit Ultraschall
1960, 24 Seiten, 21 Abb., DM 9,20

HEFT 944
Dipl.-Phys. Günter Waidmann, Gesellschaft zur Förderung der Glimmentladungsforschung e. V., Köln
Nitrierung dünner Stahlschichten mit Hilfe einer Glimmentladung
1961, 50 Seiten, 31 Abb., 2 Tabellen, DM 16,30

HEFT 975
Prof. Dr. A. Narath, Institut für angewandte Photochemie und Filmtechnik der Technischen Universität Berlin
Über die Herstellung von Kernspuremulsionen
1961, 36 Seiten, 10 Abb., 1 Tabelle, DM 11,50

HEFT 976
Dipl.-Phys. Horst Küppers, Institut für Theoretische Physik der Universität Köln
Die Untersuchung der Ausbreitung von Stoßwellen in Platten auf schlierenoptischem und spannungsoptischem Wege
1961, 62 Seiten, 77 Abb., 5 Tabellen, DM 44,60

HEFT 983
Prof. Dr.-Ing. Paul Hadlatsch, Aerodynamisches Institut, Aachen
Berechnung der Druckwellen in Brennstoffeinspritzsystemen und in hydraulischen Ventilsteuerungen
1961, 108 Seiten, 31 Abb., DM 33,90

HEFT 985
Dr. Hans Strack, Gesellschaft zur Förderung der Glimmentladungsforschung e. V., Köln
Temperaturmessung in Glimmentladungen
1962, 44 Seiten, 18 Abb., DM 14,30

HEFT 986
Dr.-Ing. Jameel Ahmad Khan, Aerodynamisches Institut der Technischen Hochschule Aachen
Untersuchungen zur instationären Strömung durch unstetige Querschnittsänderungen in Druckleitungen von Einspritzsystemen
1961, 76 Seiten, 47 Abb., 1 Tab., DM 28,60

HEFT 987
Dr.-Ing. Wilhelm Bosch, Aerodynamisches Institut der Technischen Hochschule Aachen
Untersuchungen zur instationären reibenden Strömung in Druckleitungen von Einspritzsystemen
1961, 56 Seiten, 37 Abb., DM 20,—

HEFT 988
Dr.-Ing. Werner Wilhelm und Dipl.-Ing. Rudolf Jürgler, Aerodynamisches Institut der Technischen Hochschule Aachen
Nichtstationäre, eindimensionale und reibungsfreie Gasströmung schwach kompressibler Medien in Rohren mit einigen unstetigen Querschnittsänderungen
1961, 70 Seiten, 17 Abb., DM 21,50

HEFT 989
Dr.-Ing. Werner Wilhelm, Aerodynamisches Institut der Technischen Hochschule Aachen
Einfluß der Spülkanalabmessungen auf den Ladungswechsel kurbelkastengespülter Zweitakt-Motoren
1961, 99 Seiten, 37 Abb., 16 Tabellen, DM 35,30

HEFT 990
Dr.-Ing. Frieder Voigt, Aerodynamisches Institut der Technischen Hochschule Aachen
Vorgänge beim Start einer Überschallströmung
1961, 36 Seiten, 32 Seiten Bildanhang, DM 23,20

HEFT 991
Dipl.-Ing. Werner Preukschat, Aerodynamisches Institut der Technischen Hochschule Aachen
Beschreibung eines Druckmeßgerätes, das zur Messung geringer Druckschwankungen bei hohen Frequenzen geeignet ist
1961, 22 Seiten, 14 Abb., 2 Tabellen, DM 8,80

HEFT 1001
Dipl.-Phys. Dr. rer. nat. G. Langner, Institut für Elektronenmikroskopie an der Medizinischen Akademie Düsseldorf
Die Informationsübertragung bei der Mikroskopie mit Röntgenstrahlen
1961, 126 Seiten, 7 Abb., DM 37,—

HEFT 1013
Prof. Dr. phil. H. Lange, Dr. rer. nat. K. H. Schmidt, Köln
Theoretische und experimentelle Untersuchung der Strahlengeometrie bei Texturgonoimetern
1961, 120 Seiten, 52 Abb., DM 38,30

HEFT 1014
Prof. Dr. phil. H. Lange, Dr.-Ing. E. Müller, Institut für Theoretische Physik der Universität Köln
Verfahren zur Bestimmung der Gleich- und Wechselfeldmagnetisierung kleiner Proben. Untersuchungen im System der Nickel-Zink-Ferrite
1961, 90 Seiten, 20 Abb., 34 Tab., DM 37,20

HEFT 1034
Dipl.-Phys. Bernd Klüser, Institut für Theoretische Physik der Universität Bonn
Aufteilung der Entladungsenergie auf die Elektronen einer Glimmentladung
1961, 33 Seiten, 21 Abb., DM 12,60

HEFT 1038
Dipl.-Phys. H. Wichmann, Prof. Dr. phil. W. Weizel, Gesellschaft zur Förderung der Glimmentladungsforschung e. V., Institut Köln
Der Einfluß einer Glimmentladung auf die Permeation von Gasen durch Metalle
1961, 58 Seiten, 28 Abb., 11 Skizzen, 2 Tab., DM 22,80

HEFT 1062
Dr.-Ing. H. Pfeiffer, Aerodynamisches Institut der Techn. Hochschule Aachen
Strömungsuntersuchungen an Kreiszylindern bei hohen Geschwindigkeiten
1962, 74 Seiten, 53 Abb., DM 26,—

HEFT 1074

Prof. Dr. rer. techn. Fritz Reutter, Dr. rer. nat. Gerhard Patzelt, Institut für Geometrie und Praktische Mathematik der Rhein.-Westf. Techn. Hochschule Aachen

Mathematische Behandlung einer angenäherten quasilinearen Potentialgleichung der ebenen kompressiblen Strömung.

In Vorbereitung

HEFT 1080

Prof. Dr.-Ing. Ludolf Engel, Institut für Maschinenwesen und Elektrotechnik der Bergakademie Clausthal, Clausthal-Zellerfeld

Theorie der handgeführten schlagenden Druckluftwerkzeuge und experimentelle Untersuchungen insbesondere an Abbauhämmern im normalen und abnormalen Betrieb.

In Vorbereitung

HEFT 1098

Dr. Gerhard Albrecht und Prof. Dr. Günter Ecker, Institut für Theoretische Physik der Universität Bonn

Die positive Säule unter dem Einfluß negativer Ionen.

In Vorbereitung

HEFT 1104

Dr. rer. nat. Rudolf Kohlhass, Dipl.-Physiker Martin Braun, Institut für Theoretische Physik der Universität Köln Abteilung für Metallphysik, Köln

Die grundlegenden kalorimetrischen Auswertemethoden Herleitung der thermodynamischen Funktionen des reinen Eisens auf Gund von Messungen an einem Eisen-Mangan-System nach dem Verfahren der verzögerten Mischkalorimetrie.

In Vorbereitung

HEFT 1105

Prof. Dr. phil. Heinrich Lange, Dr. rer. nat. Franz Josef In der Smitten, Institut für Theoretische Physik der Universität Köln, Abteilung für Metallphysik, Köln

Untersuchungen über das magnetische Verhalten dünner Schichten von $-Fe_2O_3$ bei kurzzeitiger Feldeinwirkung.

In Vorbereitung

HEFT 1107

Paul Thomas, Institut für Theoretische Physik der Universität Bonn

Leuchtende Schichten im Faradayschen Dunkelraum der Glimmentladung in Brom-Argon-Gemischen.

In Vorbereitung

HEFT 1124

Prof. Dr. G. Ecker, cand. phys. W. Kröll, Dipl.-Phys. O. Zöller, Institut für Theoretische Physik der Universität Bonn

Fehlerabschätzung für Messungen mit magnetischen Sonden.

In Vorbereitung

HEFT 1144

Prof. Dr. phil. H. Bittel, Dr. rer. nat. K. A. Hempel, Institut für angewandte Physik der Universität Münster

Untersuchungen zur ferrimagnetischen Resonanz an Ferriten bei 10 und 24 GHz.

In Vorbereitung

HEFT 1163

Prof. Dr. phil. H. Bittel, Institut für angewandte Physik der Universität Münster

Untersuchungen über das Rauschen strombelasteter Leiter *In Vorbereitung*

HEFT 1168

Prof. Max Friedrich, Forschungsstelle für Brandschutztechnik an der Techn. Hochschule Karlsruhe

Untersuchungen über das Verhalten und die Wirkungsweise verschiedener Trockenlöschmittel

In Vorbereitung

HEFT 1175

Dipl.-Ing. Klaus-Dieter Becker, Dr. rer. nat. Erhard Meister, Universität Saarbrücken

Beitrag zur Theorie des Strahlungsfeldes dielektrischer Antennen *In Vorbereitung*

HEFT 1176

Dipl.-Phys. Alexander Wasiljeff, Universität Saarbrücken

Breitbandimpedanzstudien an Ringschlitzantennen im cm-Wellenbereich *In Vorbereitung*

Ein Gesamtverzeichnis der Forschungsberichte, die folgende Gebiete umfassen, kann bei Bedarf vom Verlag angefordert werden:

Acetylen / Schweißtechnik - Arbeitswissenschaft - Bau / Steine / Erden - Bergbau - Biologie - Chemie - Eisenverarbeitende Industrie - Elektrotechnik / Optik - Fahrzeugbau / Gasmotoren - Farbe / Papier / Photographie - Fertigung - Funktechnik / Astronomie - Gaswirtschaft - Hüttenwesen / Werkstoffkunde - Kunststoffe - Luftfahrt / Flugwissenschaften - Maschinenbau - Medizin / Pharmakologie / NE-Metalle - Physik-Schall / Ultraschall - Schiffahrt - Textiltechnik / Faserforschung / Wäschereiforschung - Turbinen - Verkehr - Wirtschaftswissenschaft.

WESTDEUTSCHER VERLAG · KÖLN UND OPLADEN
567 Opladen/Rhld. Ophovener Straße 1-3

GPSR Compliance
The European Union's (EU) General Product Safety Regulation (GPSR) is a set of rules that requires consumer products to be safe and our obligations to ensure this.

If you have any concerns about our products, you can contact us on

ProductSafety@springernature.com

In case Publisher is established outside the EU, the EU authorized representative is:

Springer Nature Customer Service Center GmbH
Europaplatz 3
69115 Heidelberg, Germany

www.ingramcontent.com/pod-product-compliance
Ingram Content Group UK Ltd.
Pitfield, Milton Keynes, MK11 3LW, UK
UKHW061700190726
13853UKWH00008B/2314

* 9 7 8 3 6 6 3 0 6 1 1 9 9 *